不一样的数学故事

1

少军 米吉卡 张秀丽 主编

张秀丽 著

山东教育出版社

图书在版编目（CIP）数据

　　不一样的数学故事 . AR 动画视频书 . 1/ 少军, 米吉卡, 张秀丽主编 .—济南：山东教育出版社, 2018（2021.1 重印）

　　ISBN 978-7-5701-0417-8

　　Ⅰ . ①不⋯ Ⅱ . ①少⋯ ②米⋯ ③张⋯ Ⅲ . ①数学 – 少儿读物 Ⅳ . ① O1–49

　　中国版本图书馆 CIP 数据核字（2018）第 223506 号

BU YIYANG DE SHUXUE GUSHI AR DONGHUA SHIPIN SHU　1

不一样的数学故事AR动画视频书 1　　　张秀丽/著

主管单位：山东出版传媒股份有限公司

出　版　人：刘东杰

出版发行：山东教育出版社

地　　　址：济南市市中区二环南路2066号4区1号　　邮编：250003

电　　　话：（0531）82092660

网　　　址：www.sjs.com.cn

印　　　刷：济南龙玺印刷有限公司

版　　　次：2018年10月第1版

印　　　次：2021年1月第4次印刷

开　　　本：710mm×1000mm　1/16

印　　　张：9

印　　　数：15001–20000

字　　　数：60千

定　　　价：30.00元

如印装质量有问题，请与印刷厂联系调换。印厂电话：0531 – 86027518

人物介绍

怪怪老师

性格： 自称来自外太空最聪明最帅的一个种族（不过没人相信）。拥有神奇的能力，比如时空转移、与动物沟通、隐身等。他带领同学们告别枯燥的教室，在数学世界里展开一段又一段奇妙的魔幻探险。

星座： 文武双全的双子座

爱好： 星期三的午后，喝一杯自制的"星期三么么茶"。

性格： 鬼马小精灵，班里的淘气包。除了学习不好，其余样样行。喜欢恶作剧，没一刻能安静下来，总是状况百出。不过，也正是因为有了他这样的开心果，大家才能欢笑不断。

星座： 调皮好动的射手座

爱好： 上课的时候插嘴；当怪怪老师的跟屁虫。

皮豆

蜜蜜

性格： 乖巧漂亮的甜美女生，脾气温柔，讲话细声细气。爱心大爆棚，喜欢小动物，酷爱吃零食。男生们总是抢着帮她拎东西、买零食，是班里的小女神。

星座： 喜欢臭美的天秤座

爱好： 一切粉红色的东西，平时穿的衣服、背的书包、用的文具……所有的一切都是粉色的。

性格： 霸气外露的班长，捣蛋男生的天敌。女王急性子，遇到问题一定要立刻解决，所有拖拖拉拉、不按时完成作业、惹了麻烦的人都要绕着她走，不然肯定会被狠狠教训。班上的大事小事都在她的管辖范围之内。

星座： 霸气十足的狮子座

爱好： 为班里的同学主持公道，伸张正义。

女王

性格：明星一样的体育健将。长相俊朗帅气，又特别擅长体育，跑步快得像飞。平时虽然我行我素，不喜欢和任何同学交往过密，却拥有众多女生粉丝，就连"女汉子"女王跟他说话时都会脸红。

星座：外冷内热的天蝎座
爱好：炫耀自己的大长腿。

性格：天才儿童，永远的第一名。博学多才，上知天文下晓地理，有时候怪怪老师都要向他请教问题。只是有点儿天然呆，常常在最基本的常识性问题上出错。

星座：脚踏实地的金牛座
爱好：看科普杂志。

博多

怪怪老师带来的一只外星流浪狗，是大家最最忠实可靠的朋友。

乌鲁鲁

目录 CONTENTS

AR
扫一扫，看动画

按照封底说明，手机下载应用程序"鲁教超阅"，即可观看精彩动画！

动画片目录

第 一 章

全宇宙最厉害的
怪怪老师

　　差一分钟7点半，怪怪老师一个激灵从床上蹦起。

　　校长的叮咛忽然从脑中冒出来：7点半之前必须到校！

立刻！马上！出现在教室里！

只是稍微动了动念头，怪怪老师已经站在教室里了。

同学们看到突然出现在教室里的"不明人物"，惊讶得张大了嘴巴。

"嘻嘻……"怪怪老师冲大家招招手，"我先自我介绍一下……我就是你们的——"

咦，感觉好像哪里不对劲儿呀？！他忽然想起什么，低头瞄了自己一眼——

光着脚，穿着条纹睡衣睡裤，手里……抱着一只松软的大枕头……

"嘻嘻……"怪怪老师尴尬地笑笑。

立刻！马上！把衣服恢复正常！

他这样想着，睡衣睡裤立马变成了蓝衬衫、黑裤子，脖子上还打了领带。

很好很好，这身装扮非常完美。只是，呃……枕头……枕头还在！

怪怪老师迅速把枕头藏到身后，重新自我介绍起来："我是你们的数学老师怪怪老师，来自阿瓦星系的阿瓦星球！"

本来，怪怪老师以为，做完自我介绍以后，同学们会用掌声欢迎他。没想到，大家只是像看外星人一样瞪大了眼睛看着他。

"咳咳咳——"怪怪老师只好清清嗓子，继续说，"我……我可是全宇宙最最厉害的怪怪老师哦！"

同学们开始小声议论：

"老师不是在吹牛吧？"

"我觉得我们的老师蛮酷哦！"

"我们的老师是个魔术师吗？"

……

为了让大家安静下来，也为了打消他们的疑虑，怪怪老师的脑子里冒出一个念头。

立刻，教室的屋顶不见了，头顶是一片蔚蓝的天空。接着，教室的墙壁不见了，黑板不见了，课桌不见了，椅子不见了……四周出现了旋转木马、碰碰车、飞天转椅、海盗船、过山车、摩天轮……

AR
扫一扫，看动画

还没反应过来是怎么回事，同学们已经站在了一个巨大游乐场的草地上。

"欢迎大家来到游乐场教室！"怪怪老师笑嘻嘻地说，"我们的第一节课就在这里进行！"

一听说要在游乐场教室里上课，同学们的惊讶立刻变成了喜出望外。怪怪老师居然要在游乐场里给他们上课！真是又新鲜又好玩儿。不过，这里连课桌、黑板都没有，怎么上课呀？

"我们一年级第一节课的内容是：互相认识！这位女生，看起来很有女王范儿，就任命你当班长吧。"怪怪老师指着前排一个女生说道。而那个女生点点头，欣然接受了"女王班长"的头衔。

同学们交头接耳起来：

"怪怪老师的上课内容真是奇怪！互相认识，是要挨个做自我介绍吗？"

"我一定记不住班上那么多人的名字。"

"现在开始上课。"怪怪老师宣布，"解散！"

咦，不是说要互相认识吗，怎么解散了？同学们满腹疑问。不过，游乐场里那些好玩儿的东西，很快让他们把疑问忘得干干净净。

蜜蜜怕高，不敢一个人去坐摩天轮，女王牵着她的手，陪她一起乘坐了摩天轮。然后，她们就成了好朋友。

总是一个人在玩儿过山车的是十一，班上没人不认识他，不光因为他的名字好记，还因为……他很帅嘛。

博多很少来游乐场，他都不知道碰碰车叫什么名字。皮豆故意逗他说，那个叫"大家一起来撞车"，还邀请博多一起玩儿。

游乐场里到处都是同学们的欢笑声。怪怪老师很得意，同学们已经从互不认识到慢慢熟悉了，还建立了友谊。这节课的效果不错嘛。

脑力大冒险

新入学的同学们，开学的这几天，你交到新朋友了吗？他们都是什么样的性格？跟身边的人分享一下吧！

第 二 章

游乐场

里的教室

不过……

"呃……我好像忘记了一件事。"怪怪老师忽然想起来。

是的是的，怪怪老师还没统计班上一共有多少学生呢。早在解散之前，他就应该统计好人数的，居然忘记了。

"老师，我来帮你统计人数吧。"皮豆自告奋勇，能当神奇的怪怪老师的助手，他当然不能放过这么好的机会。

怪怪老师想跟皮豆说，其实可以等下课后再统计，可没等他开口，皮豆已经跑开去算人数了：

旋转木马上有5个女生，2个男生。

5+2=7。

摩天轮上只有3个男生，没有女生。

3+0=3。

海盗船上7个男生，4个女生。

7+4=？

　　皮豆只会算10以内的加法，因为每次他都数着手指头算。可现在，他发现手指不够用了。

　　"女王，能不能借你的手指用一用？"皮豆向女王求救。

　　女王在旋转木马上正玩儿得高兴，白了皮豆一眼："不借！"

　　皮豆拉过博多："我要算7+4，借你的手指用用。"

　　博多没有借手指给皮豆，不过，他教了皮豆7+4应该怎么算：

　　4可以分成3和1，7+3=10，10+1=11，所以7+4=11。

　　这下好了，皮豆再也不用借手指了，他知道了，遇到10以上的加法，就用这种分解算法。

　　皮豆接着算人数：

　　弹簧床上有3个女生，秋千上有1个女生，抓娃娃机前有2个女生。

3+1+2=6。

不对，刚才蜜蜜坐在旋转木马上已经数过了，现在她又来荡秋千，不能再数一遍了。啊，大家跑来跑去，全乱了！

皮豆跑去找女王帮忙，这次女王没有拒绝他。

再怎么说，数清全班人数也是班长的责任嘛！

他们各自数起来：

1，2，3，4，5……

他们数到5的时候同时指到了十一。

女王说："皮豆，我们这样数不行！"

"为什么不行？"皮豆疑惑不解。

"这样的话，我们就数重了，比如，十一我数过了，你再来数，不就重复了吗！"女王说得很有道理。

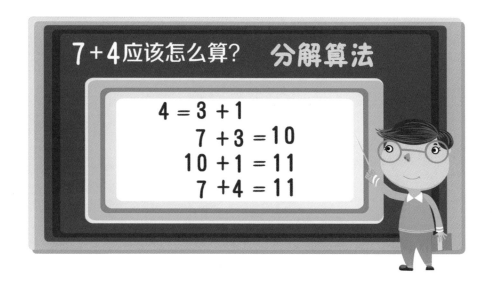

皮豆问："那怎么办？"

女王想了一会儿说："想到了！我数女生，你数男生，这样就不会重复了！"

"好主意！"皮豆真是有点儿佩服这个班长了呢！

于是，他们分头去数。

尽管皮豆只数男生……

丁零零……下课铃响了，皮豆也没数清人数。

好在一下课，游乐场立刻消失了，同学们又回到了原来的教室里，一个不少。

趁着大家都在座位上，皮豆赶紧数起了人数："1，2，3，4，5，6，7，8，9，10……"

"我们班一共有51个人！"皮豆一数完，立刻向怪怪老师汇报。

"你确定不是52个？"怪怪老师问。

皮豆抓抓脑袋，有点儿莫名其妙，他到底少数了谁呢？

脑力大冒险

一天早晨，在学校的操场上，十一叫喊着："喂！朋友们！上课还早呢！谁来和我一起踢足球？"皮豆悄悄地跑到十一后面，对着足球大力一脚。足球像子弹一样射出去，落在了传达室的屋顶上。

大家都傻了眼，还没来得及埋怨，皮豆说："小意思，你们看我的吧！"他脱掉自己的一只球鞋，瞄准足球，用尽力气把它扔上了屋顶。

呃……你肯定猜对啦，足球没下来，鞋子也落到屋顶上了。

这次皮豆傻眼了，其他同学都哄笑起来。这时，怪怪老师来了。

"怪怪老师，帮帮忙啊，变个梯子出来啊！"皮豆边蹦边拜托。

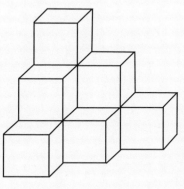

怪怪老师在地上画了一幅图，说："你能数出来这里有几块木块，它就能变成真的梯子！"小朋友你会数吗？

第 三 章

呼啦圈

里的世界

皮豆最爱上的就是怪怪老师的课了，因为怪怪老师的课不用总坐在教室里。如果一节课都端坐在那里，皮豆就会感觉屁股上像爬满了小虫子一样，老是痒痒，总想站起来。

　　虽然怪怪老师的魔法也会失灵，但大多数时候还是比较靠谱的。今天的课上，老师说要讲图形了。他拿来了很多积木，挨个儿讲了起来。

　　"认识图形有什么用？"皮豆说。

怪怪老师说："用处大得很啊！"说着信手从空中拈来一个大大的呼啦圈，让每个人往里钻。蜜蜜坐在老师旁边，第一个钻，结果一钻进去人就不见了。

虽然心里怯怯的，但是好奇心战胜了一切，所有的同学都钻进了呼啦圈。皮豆磨蹭到最后也被老师一把推了进去。

呼啦圈里的世界是什么样子的呢？皮豆睁大眼睛仔细打量着。天边有个拱桥形状的彩虹，彩虹上好像有个小孩。啊，是女王！她正坐在彩虹上，双脚垂下来一荡一荡的，头上还带着一个王冠状的帽子，她真把自己当女王了吧！

不远处有一座圆锥形的蒙古包，一座半球形的蒙古包。两座蒙古包之间站着一匹白马，马上也有一个小孩，是十一吧？皮豆认出了他帅帅的发型。看他那得意的样子，还真以为自己是白马王子啦？

这里还有几座用积木一样的东西搭建的城堡，同学们散落在各个地方尽情玩耍。皮豆眼珠子转来转去想找个有意思的东西，这时他发现了中国建筑太和殿。更让他兴奋的是，太和殿里面跑出来一条小狗。这只小狗眼睛圆溜溜的，样子很机灵。皮豆飞奔着追向他。宽阔的草地上虽然平坦，但不时会出现"炸弹"，"炸弹"就是牛粪！如果不看脚下，一个劲儿地追，肯定会不小心踩到的。

小狗跑了一阵，趴到一块石头上，这是块像魔方一样每个边长度都相等的正方体石头。小狗站在石头上回过头来看着皮豆，好像在等他一样。皮豆追了过来，大口喘着气，一屁股坐在了石头上。他刚想抚摸一下小狗，小狗一跳，又跳到了另外一个长宽高三条棱长度不相等的长方体上。

皮豆刚跟上来，小狗又跳到了一个易拉罐一样的圆柱体形状的石头上。皮豆累得直喘气，嘴里却喊着："我一定要抓住你！"小狗又跳到了草地上，草地上开始出现各种图形：圆形、梯形、三角形……小狗最后跳到三角形上停了下来。皮豆这才发现，这里是一个图形的世界。

怪怪老师果然神奇，皮豆想，我不仅要学会辨认各种图形，还要带这只小狗回去。他慢慢接近小狗，摸摸他的脑袋。这次小狗没有跳开，而是很听话地摇摇尾巴，在皮豆身上蹭了蹭，并且向他眨了眨眼睛。

　　皮豆脱下衣服把小狗包了起来，抱着他就往回走。这时候，他看见博多正在给蜜蜜讲解：这是印度的泰姬陵，它由很多圆柱体、圆锥体和正方体组成；那是圣彼得大教堂，由很多圆形、半圆形和长方形组成；还有大本钟、帕特农神庙，以及中国的太和殿。这里几乎集中了地球上所有著名的建筑，这些建筑都是由各种图形组成的，而博多的理想就是将来设计出世界上最棒的建筑物。

　　皮豆心想，我的理想就是成为怪怪老师那样拥有神奇魔法的人。现在最重要的是把这只小狗带回去。"嗨，闷死我了！"皮豆的衣服里突然传来了说话声，吓得皮豆把衣服甩出去老远。小狗翻了个身站了起来："你想摔死我啊——我叫乌鲁鲁。"小狗竟然张嘴说话了。

　　"我……我……我叫皮豆。"皮豆觉得自己的舌头跟打了结似的。

"我得走了,你以后遇到问题就大叫三声'乌鲁鲁',我就来了,再见!"然后小狗乌鲁鲁一下子消失不见了。

等皮豆反应过来,才发现不见了乌鲁鲁的身影。他赶紧大叫:

"乌鲁鲁——乌鲁鲁——乌——"最后一遍还没有叫完,乌鲁鲁悄无声息地出现在皮豆的跟前。

他瞪着大眼睛,挺不乐意地问:"干什么?不是让你遇到问题才叫我吗?"

乌鲁鲁转身就要跑,皮豆叫道:"等一下!我有问题!"

乌鲁鲁只好停下来,扭过头来回答:"说吧!"

"这是什么形状?"皮豆随便指到了旁边的三角形上。

"三角形。地球人都这么笨吗?"乌鲁鲁很不耐烦

"呃……三角形有什么特点?"皮豆又问。

他其实就是想和乌鲁鲁多说两句话。

"这个问题问得好。"乌鲁鲁说。

"三角形有三条边，三个角，根据角的大小不同还分为锐角三角形、钝角三角形和直角三角形。"

紧接着，皮豆又问了很多问题，有关各种形状的特点。

他就那样吃惊地看着乌鲁鲁说话，而不是发出"汪汪"的叫声。

 一直到所有的图形都问完了，皮豆问："你和怪怪老师一起来的吗？"

"是的。"

 "从阿瓦星系的阿瓦星球？"

"是。"

 "那里离这里远吗？"

"远。"

乌鲁鲁已经被皮豆问得口干舌燥的，一个字也不想多说了。

他说："再见！没有大问题，不要叫我！"

皮豆的"再见"还没说出来，就听到咣当一声，他们又都回到了教室里。女王看着发呆的皮豆，拍了一下他的脑袋："快做题吧！"皮豆回过神来，看到老师在黑板上画了个三层的正方体魔方，问大家其中一共包含着多少个小正方体。

这个问题好难啊，够皮豆数上一阵了，你能帮他数出来吗？

脑力大冒险

要开运动会了，十一可是运动健将。为了这次在长跑中稳拿冠军，他每天早上都会早早到学校，围着操场跑两圈。

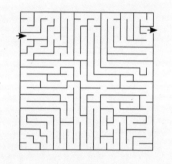

这天，下起了毛毛雨。十一想："哈！这点儿小雨是阻挡不了我的脚步的。"十一飞快地跑起来，一不小心踩在了一个被雨淋湿的小石块上，重重地摔到了地上。

十一的膝盖受伤了，连走路都很疼，更别说跑步了。怪怪老师走过来，摸了摸十一的膝盖。马上，十一觉得不那么疼了。怪怪老师说："外面下雨地滑，你走个迷宫吧！"说着，大手一挥，十一眼前出现了这个迷宫，你能走出来吗？

第 四 章

虫虫王国

的舞会

上课铃都响了，皮豆还站在那里，不愿意坐下。

女王幸灾乐祸："在家又挨打了吧？这次又为什么？"

皮豆摸摸屁股，悄悄地说："我看爷爷整天拜财神，我们家还是没有钱，说明财神本领太小了，我就偷偷地把财神换成我以前玩儿的奥特曼了。爷爷眼神不好，拜了两天，今天早上才发现，就用鸡毛掸子给我的屁股上了一课。"

女王刚想哈哈大笑，怪怪老师幽灵般地飘进了教室，女王只好憋着。但是由于内力不够，女王还是"扑哧"笑出了声。在寂静得能听见针掉在地上的声音的教室里，这一声笑显得格外响。

老师和同学们都像看怪物一样看着女王。结果可想而知，女王憋红的脸像个大番茄。她狠狠地踩了一下皮豆，皮豆哎呀一声叫了起来。

刚扭过脸去的老师和同学们又都转回来，看着他们这两个怪同桌。如果有地缝就好了，他俩可以一起钻进去了，女王和皮豆心里都这么想。

今天的课上怪怪老师讲方位。他不停地讲左边、右边。方向感一向不强的皮豆一脸茫然地看着老师，那表情就像在说："没听懂啊。"怪怪老师看着他，急得抓耳挠腮，在讲台上转了两个圈儿，说："走吧，我带你们去体验一下什么叫方位。"

呼啦一声，教室不见了，他们来到了一片黑黢黢的森林。怪怪老师在前面领路，同学们一个接一个地跟在后面。前面黑咕隆咚，扑棱棱，一只猫头鹰从这个长长的队伍上方飞过。他们深一脚浅一脚地往前走，或者说往前挪。

皮豆一直怀疑自己在做梦，咬了一下舌头，觉得还挺疼的，看来不是做梦了。皮豆今天早上看见怪怪老师穿了一双很怪的鞋子，前面装有两个大灯泡。现在怪怪老师脚上就是这双鞋子，而且灯泡是亮的，在黑咕隆咚的夜里射出两道光柱，照着前方。

光柱的前方好像有了点儿火光，而且隐约听到了敲鼓的声音。离火光越来越近了，皮豆简直不敢相信自己的眼睛：这里有上百只大虫子在开篝火舞会。

蜈蚣小姐站立着，作为领舞者，它的每一只脚上都穿着不同样式的高跟鞋。它不断地扭动着自己柔软的身体，变换着各种姿势。它可以让任何一双脚着地，然后其他脚都悬空。其他的虫子都跟着领舞的蜈蚣小姐不断地扭来扭去，还经常为了蜈蚣小姐的一个漂亮动作发出一阵阵欢呼。

"就差你们了，怎么这么晚才来？"蜈蚣小姐转过身来冲着怪怪老师的队伍说，"你们错过了最精彩的部分，我刚才做了一个单脚十八转。"蜈蚣小姐好像根本没有注意到怪怪老师他们与这些虫子有多么不一样。"开始！往左迈一步，往右迈一步，往前走三步，往后退三步，跟准节奏。螳螂！你干什么呢？"螳螂正举起大砍刀要砍蚂蚱呢。不过，现在不能了，因为它必须为舞会提供音乐，它是鼓手。

皮豆甚至没来得及感到害怕，就已经开始听从指挥迈开舞步了。其他同学也一样，甚至都没有觉得这是多么不可思议！

"我们是虫子吗？"皮豆嘀咕道。他既不喜欢蜈蚣也不喜欢跳舞，连做操他都不喜欢，因为他总是分不清左右。

"再说了，左一步，右一步，走三步，退三步，这不等于什么都没干吗？还是在原地啊，真无聊。"正想着，突然呼啦啦所有的人都围成了圈，一共两圈。皮豆在外面一圈，令人恶心的是，他前面竟然是小强——一只蟑螂！

也许你见过蜈蚣，也许你学过跳舞，但你跟蜈蚣跳过舞吗？如果有机会让你跟蜈蚣一起跳舞，你会跳什么舞步呢？请你设计一种舞步，像"左一步，右一步，走三步，退三步"一样，跳完还是在原地。你应该怎么设计呢？

第 五 章

草垛迷宫

蜈蚣小姐扭捏着身体走到蜜蜜前面："噢，亲爱的小姐，你的粉红鞋子真好看啊，尤其是上面的蝴蝶结，真吸引人啊！能借我穿穿吗？"蜈蚣小姐死盯着蜜蜜的鞋子，好像立刻就要脱下来穿在自己的脚上。

听到有人夸奖，蜜蜜还是很开心的："呃……我的鞋子与我的裙子很配吧！"但是，她转念想到这里的地上全是杂草，或许还会钻出乱七八糟的小动物，没有鞋恐怕不行啊。"你……你……穿恐怕不合适呀。"蜜蜜小心地说。

"没试过你怎么知道我穿不合适？你没看见我有几百只脚吗？总有一只能穿上的！"蜈蚣小姐机关炮似的冲着蜜蜜喊，口水喷了她一脸。很明显，蜈蚣小姐不高兴了。

"换位置，我不想看见这个丑丫头了！"它刚说完，大虫子们开始来回穿梭，直到每一个同学旁边都有一只大虫子。而皮豆左边刚好是一只屎壳郎，右边是一只蟑螂。好恶心，怪怪老师到底搞什么名堂？

舞会继续，这真是一个超级舞会。正当大家都跳得起劲儿，一只猫头鹰怪叫着从头顶飞过，一切突然变得死一般寂静。所有

的人和虫子都不见了，皮豆只看见自己身边出现了一堵堵草垛一样的墙，像迷宫一样。原来同学们被这迷宫相互隔开了，谁也看不见谁。

就听到蜜蜜大声尖叫着："博多……"

"哎呀，幸好我没叫，要不真丢脸。"皮豆想，这一定都是怪怪老师制造的麻烦。

"大家看上面，找到怪怪老师的灯光，然后朝灯光的方向走。"听了博多的话，皮豆抬头一看，果然在他的左前方有两道光束，那就应该是怪怪老师的位置了。

　　看看自己周围的草垛墙，有一个出口在左边，有一个出口在右边，皮豆选择了左边的那个口。出了这个口，一看还是一堵堵墙，这里前面一个出口，后面一个出口，皮豆选择了前面的出口。

　　走着走着，皮豆觉得这迷宫越来越有意思，就大声喊："我快到了！"刚说完，就听到女王喊："我已经到了！"然后是十一、胖大力和美美，他们都先后喊"到了"。终于离灯光越来越近了，走出最后一个出口，皮豆看到大部分同学都已经到了。

　　"我离得真远啊！"皮豆笑着说。

　　"到了几个了？还有谁没到？"怪怪老师问。

　　"没到的举手！"皮豆喊。

　　"就差蜜蜜一个人了。"

扫一扫，看动画

"不会是被蜈蚣小姐抓走了吧。"

"鞋重要，还是命重要啊？"

同学们七嘴八舌地议论开了。大概过了五分钟，蜜蜜也到了。

"现在闭上眼睛，数三个数。"怪怪老师说。

"一，二，三——"大家一起睁开眼睛。

哎呀！怎么还在这里啊？而且那些草垛都变成了大虫子，向这边冲过来了。

"怪怪老师，你倒是快点儿救我们呀！"皮豆急得直跺脚。

"马上……马上，回去的咒语怎么念来着？"唉，怪怪老师还有心情开玩笑！

大家只好再闭上眼睛数：

"四，五，六——"

睁开眼睛一看：呀！虫子都围过来了。

四个屎壳郎抬着一个架子，架子上安了个椅子。蜈蚣小姐坐在这张大椅子上，正一边盯着蜜蜜的鞋，一边剔牙呢。

"蜜……蜜蜜，要不把你的鞋借蜈蚣小姐穿一下嘛。"皮豆小声说。

蜜蜜吓得哆哆嗦嗦地说："好呀好呀，反正我家还有很多粉色的鞋。"说着她就去脱鞋。

突然，咣当一声，皮豆发现大家都已经回到教室了。

怪怪老师在黑板上画了一个草垛迷宫，正在教大家方位呢。皮豆现在已经很清楚如何识别这些前后左右的方位了。

他怀疑刚才是不是做了个梦。不过，他看见左前方蜜蜜正拿着她刚刚脱下的鞋，张大嘴盯着老师看呢。皮豆探过头去问："蜜蜜，你脱鞋干吗？"蜜蜜一脸迷惑，说："我好像做了个梦。"皮豆悄悄地伸了下舌头。

脑力大冒险

你能把从学校走回家的路线描述清楚吗？讲给你的同桌听，并邀请他到你家去做客吧！

第六章

魔法城堡遇险

　　怪怪老师今天一进教室，就摆出一大筐水果，好像这些东西原来就藏在桌子底下一样。"哇，今天上吃水果的课吗？"同学们都瞪大眼睛期待着。

　　"皮豆！你口水都流到地上了。"女王故意大声喊。

　　"我不能吃梨哦，我胃不好。"蜜蜜嗲嗲地说，"博多，你爱吃什么？"

　　"无所谓。"博多还在玩他的新魔方。

　　"这里苹果和梨最多，谁来先分一下这两样水果？"怪怪老师问。

"我来！"这样的事皮豆最积极了。

"怎么分？"皮豆问。

"我们就按苹果—苹果—梨的顺序分发吧。"

"好嘞——"

从第一排开始，皮豆就按照苹果—苹果—梨的顺序往下分。

女王数了一下，到自己的时候刚好是梨，于是就坐到了旁边皮豆的位置上，因为她更想要个苹果。

怪怪老师说，像这样根据某个有规则的方式进行的排列，就叫规律。

"看来今天要上关于规律的课了。"皮豆想。

他刚要张嘴啃梨，就感觉呼啦一下——摔了个屁股蹲儿在地上，差点儿咬了嘴。其他同学也一样，一个个被摔得龇牙咧嘴。只有十一在屁股快着地时来了个鲤鱼打挺，站了起来。

"怪怪老师，下次变魔法的时候能不能先说一声啊。"

"不好意思，不好意思。"怪怪老师笑嘻嘻地搓着手。

大家爬起来，拍拍屁股一看四周，到处阴暗暗的，好像一座废弃的城堡。

这里似乎是一间魔法师的房间。屋子里有许多柜子，柜子里都摆着不一样的东西。比如靠墙这边的柜子里摆着不同的瓶子，瓶子里装着不同颜色的药水。这些瓶子分长颈的，短颈的，高高低低地摆放着，特别有……有规律。

熟悉了一会儿环境，同学们就开始动动这个，碰碰那个了。

十一戴着一顶尖尖的魔法帽子，飘飘悠悠地升起来，摘了帽子就咣当一下掉下来摔到地上。他戴上帽子又升起来，然后摘帽子，这次他在落地前又戴上帽子。他就像在蹦蹦床上一样忽上忽下。

扫一扫，看动画

皮豆骑着魔法师的笤帚，像喝醉了酒一样，摇来摇去，一会儿撞在墙上，一会儿撞在桌子上，一会儿又撞到屋顶上。

女王也不知从哪里找来了一根魔法棒，指着桌子上的碗说："巴拉巴拉变宝石。"那碗还真的变成了红宝石。她又说："巴拉巴拉变小鸟。"然后就有一只小鸟扑棱棱地飞走了。

而博多这时正坐在一本很大的书前翻看魔法师的魔法日记。

蜜蜜则对瓶子里的药水产生了兴趣。她把第一个瓶子里的药水倒一点儿在小勺里，药水就飘飘忽忽地升了空变成了彩虹；把第二个瓶子里的药水倒一点儿在小勺里，药水飘飘忽忽地升了空变成了乌云；接着她又倒出来雪花，飘得满屋都是；倒出来冰雹噼里啪啦打得同学们没处躲。女王则用魔法棒变出雨伞自己打着，并乐呵呵地看着他们。

"快住手，蜜蜜！"皮豆被冰雹砸到脑袋，骑着笤帚到处躲。

"我已经住手了，但是冰雹停不住！"蜜蜜喊。她钻到了桌子底下，发现博多正在桌子底下看魔法书。

"快想想办法！博多，魔法书里写的什么，有没有写如何让冰雹停下来？"蜜蜜急切地问。

"我还没看见，但是……"博多一副欲言又止的样子。

女王打着伞，她蹲下来问博多："但是什么？"

"这本书上并没有写魔法咒语。"博多说。

"啊！怎么可能？"女王一把拿过书去，坐在地上翻看起这本魔法书。

"怎么全是些AABB啊？什么意思呢？"女王嘟囔着。

皮豆还在屋里飞来飞去，撞到各种东西，发出乒乒乓乓的声音。

博多说："这里住的，好像是一个规则女巫。"

"什么是规则女巫？"蜜蜜担心地问。

蜜蜜的话刚说完，外面忽然传来了沉重的脚步声。

"咚——咚——咚——"

吱呀——一道门打开了，一个红头发的女巫出现在屋里。

当女巫看到屋里乱七八糟的一切时，"啊——"一声尖叫响彻了天空，划破云层，化作了闪电，咔嚓一声在远处山上落了下来。

所有的同学都吓得不敢动了。等他们回过神来一看，女巫不见了，怪怪老师也不见了。远处传来怪怪老师的声音："苹果——苹果——梨——"

脑力大冒险

皮豆拿到了下面这张图，怪怪老师说，如果他能够给这些水果涂上正确的颜色，就能得到这些水果。皮豆该怎样涂色呢？

1.

2.

第七章

拯救
怪怪老师

"糟了，怪怪老师被女巫抓走了。"蜜蜜眼泪都要流出来了。

　　皮豆想："这下完蛋了，怪怪老师是不是傻了？这时候还说什么苹果和梨。"博多站起来说："别怕，这是一个规则女巫，只要在有规则的地方，她就会很和蔼，破坏了她的规则，她就会很暴躁。我们恢复她的规则，她就会放了老师的。"原来博多看的那本书是女巫的日记。

"现在赶紧开始打扫她的房间吧。既然怪怪老师最后说苹果—苹果—梨，那她的东西排列规律就是A—A—B的模式。"

先看木格子里的瓶子，蜜蜜说："我知道，应该长瓶颈—长瓶颈—短瓶颈，这样放。"再看柜子里的帽子，十一说："应该尖帽子—尖帽子—圆帽子，这样放。"再看架子上的魔法棒，有红色和蓝色。"应该是红色—红色—蓝色，这样放；或者蓝色—蓝色—红色，如果蓝色比较多的话。"女王说。

大家一起动手，很快房间里的一切东西都摆放得很有规律。可是女巫没有回来，怎么才能让她知道一切都恢复成她喜欢的样子了呢？

　　"我们一起大声喊苹果—苹果—梨吧。"女王提议说。于是他们一起大声喊："苹果——苹果——梨——"话音刚落，女巫和怪怪老师都飘飘悠悠地从屋顶上落下来了。

　　怪怪老师笑嘻嘻地搓着手："谢谢，谢谢同学们。"

　　女巫心情大好，握着怪怪老师的手说："你是我见过的最好的人，一看就知道你非常非常有学问，心地非常非常好，而且你非常非常漂亮英俊。说实在的，我认为你可以当魔法国国王了。"

　　"不不不，我可没有工夫当国王，给这帮孩子们上课就够我忙的了。不过，你说的没错，我的确非常英俊漂亮，非常有学问，心地也非常好。这一点我不否认。嗯嗯……"怪怪老师扭过头来看见同学们偷笑的表情，"好吧，那好吧，我们离开这里吧。再见吧，说实在的，你也很漂亮……"

皮豆咬了一口手里的梨，真甜呀，以后每天都上找规律的课就好了。

正想着，女王递过来一个苹果核。皮豆不想惹她，只好接过来，然后连同自己的梨核一起拿出教室。一转眼工夫，他就回来了。

"怎么这么快？"女王问，"你扔哪儿啦？"

"垃圾桶啊。"

"皮豆！"胖大力气呼呼地跑进来，"我的衣服帽兜是垃圾桶吗？！"

皮豆见势不妙，拔腿就跑。

女王摇摇头，拿出她的一打铅笔，在桌子上摆成一排："削了—没削—削了—没削——"然后她盖上了最后一支铅笔问蜜蜜："你猜最后这支削没削？"蜜蜜笑着说："这可难不倒我哦，你的规则是A—B—A—B。"

你能猜出女王最后一支铅笔削没削吗？

脑力大冒险

从女巫的城堡回来以后，皮豆经常会觉得自己浑身痒。他使劲儿抓痒痒，抓呀抓呀。

忽然，他抓住了一只虱子，而且是只会魔法的虱子。说它会魔法是因为皮豆刚抓住它，它就不见了。

皮豆大喊一声："女巫的虱子！"

怪怪老师走过来，皱了皱眉头，他说："这些虱子本来是关在笼子里的，但是有一个笼子不见了。我们必须按规律画出第二个笼子的样子，才能关住它。"你能画出来吗？

  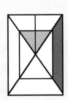 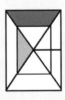

第八章

瞬间长大

"今天太平淡了，快到中午了，一点儿新闻也没有，这不是我的风格啊！"皮豆边咬大拇指，边打盹。

十一走过来，看着打盹的皮豆说："皮豆，我昨天看见你了！"

昨天是周末，皮豆不记得见过十一啊！

"在哪儿？"皮豆问。

"在动物园。"十一说。

"你看错了！昨天我根本没去动物园。"皮豆说。

"不可能！那绝对是你！"十一说，"我问你，你是不是特别喜欢睡觉？"

"是啊！"皮豆说。

"是不是喜欢发呆？"十一又问。

"对！怎么了？"皮豆不明白十一说这些跟他周末是否去过动物园有什么关系。

"昨天我在动物园，遇见了树袋熊。"十一说，"据说一天24小时，它睡觉需要用掉18小时，2小时用来发呆，还有2小时用来吃东西。你说，跟你像不像？"

皮豆这才听出来，十一这是拿他跟树袋熊比呢！

十一已经做出了要逃跑的架势，可是皮豆说："你别说，我还真是喜欢树袋熊的生活呢！"说完继续打盹。

十一耸耸肩，走开了。

"呼——"一阵风刮了过去。皮豆的脑袋都被吹歪了，他瞪大眼睛看着跑得气喘吁吁的女王，好奇心立刻占据了他无聊的头脑。

皮豆说："我有预感，要有大事情发生了！"

"大……大新闻……"女王一手扶着桌子，一手拍着胸脯，好让自己能平静下来。

扫一扫，看动画

"快说，快说！"皮豆敏感地觉得这一次肯定是大事件。

"下一节课不上了，都去赶集！" "赶集"两个字她说得很大声。所有的同学都听到了，立刻围拢过来。

"什么赶集？赶什么集？"

"真的吗？"尽管大家都不信，但是还都很热烈地讨论着，这的确是件大新闻。他们总觉得高年级的学姐学长们在密谋一些事情，却不让他们知道似的。

"我刚才在厕所听两个高年级的姐姐说的。今天中午的赶集大会，再过一会儿就开始了。还说最后一节课不用上。太好了，我都听见了，她们很高兴地说的，肯定是真的。"

　　"上哪儿去赶集啊？骑驴去吗？"皮豆凑趣地说。引得大家哈哈大笑。

　　"哼！"女王瞥了一眼皮豆。

　　女王又瞥见十一，一把扯过他的衣领，把他抓过来："你跑得快，去打听一下，火速回来。"

　　十一挣脱女王，他不想惹女王，而且他也很想知道将要赶什么集。

　　十一嗖的一声穿过教室，引来几个粉丝啧啧赞叹。

　　刚过一小会儿，十一又回来了。

　　"报告女王！男厕所没有人了，我怎么打听？"

　　大家哈哈大笑。这时，最后一节课的上课铃响了。

　　怪怪老师穿着财神的衣服，挎着个超级大的篮子走进教室，篮子里装满了东西，好像个杂货铺啊，零食、饮料、玩具、图画书，什么都有。

　　"嗯哼！"怪怪老师开始说话前习惯性发出这种声音，好引起大家注意。"高年级的同学们正在举办赶集大会，就是买自己喜欢的东西，把自己不喜欢的东西卖掉，又叫跳蚤市场。你们想不想去啊？"

　　"想——"声音又大又齐。

"没有东西可卖啊。"

"没有钱买啊。"

大家都嘀咕开了。

怪怪老师拍拍自己挎着的篮子，说："东西这儿有。"他大手一挥，身后立刻变出一棵高大茂盛的摇钱树来。他指着树说："钱这儿也有。"

大家都笑了起来，皮豆笑疯了，因为老师从篮子里掏出来一只癞蛤蟆！癞蛤蟆正在贪婪地舔怪怪老师的手，口水流下来拉成一条很长的丝。怪怪老师赶紧把它装到篮子里，在衣服上擦了擦手，又从摇钱树上摘下来一把人民币。

现在有一半的同学分到了50元人民币，不过有的同学拿到的是一张面值50元的，有的拿到的是5张面值10元的，有的还拿到了10张面值5元的。最奇怪的是皮豆了，他数了好久，因为他得到了50张面值1元的人民币。肯定是怪怪老师觉得这样好算账吧。还有一半的同学分到了价值约50元的东西，包括零食、玩具、汽车模型、图画书等。

分到了钱和东西的同学们就要往外冲！"等一下啊！刚才高年级的学生说了，不让低年级的学生参加跳蚤市场。"女王突然大喊。

"我有办法，可以让你们瞬间长大。"怪怪老师拍拍胸脯，他先对着皮豆念了句咒语。皮豆突然变成了……变成了一岁的小婴儿，流着大鼻涕，环视了一下突然大哭起来。

"老师，拜托！是变大不是变小。"同学们开始嘀嘀咕咕。

"还是不去了吧，我可不要变成鼻涕虫。"有的同学偷偷捂着嘴笑。

怪怪老师尴尬地摸摸头，又念了几句咒语，皮豆突然又变成了满脸皱纹的老头儿。

在同学们的唏嘘声中，怪怪老师又慌忙念了几句咒语。这下好了，所有的同学好像一下子长大了三岁，现在是四年级学生的模样了。

同学们一下子冲出了教室，怪怪老师被撞到了一边。他冲着同学们的背影大喊："那是我的工资啊，用完了得还的……"可是没有一个同学回头看，也许没人听见吧。

脑力大冒险

蜜蜜跟着妈妈去买发卡。买发卡的阿姨说，发卡12.8元。妈妈拿出身上的钱，让蜜蜜从中挑选，自己去结账。蜜蜜低头一看，妈妈手中有100元1张、50元1张、10元3张、5元1张、1元5张、1角3张，竟一时犯了难。她可以选择那些面值的钱去结账呢？怎样组合可以更快捷地结账？

第九章

在跳蚤市场上

　　在跳蚤市场上，皮豆一下看中了一位女生前面摆着的火焰颜色的陀螺。他冲过去问道："姐姐，这个多少钱？"

　　"哈哈哈，你几岁了，比她长得还大，叫人家姐姐。哈哈……"旁边一个女生说。

　　皮豆觉得自己的脸很热，他忘记自己现在已经变成四年级学生了。

　　那个女生倒是很和善，微笑着说："这个陀螺11块钱。"皮豆数了数自己手里的钱，数出11张来，买到了自己想要的陀螺。

　　刚付完钱，那个女生说："看你有很多零钱啊，给我换换行吗？"

　　皮豆没有办法拒绝，点了点头。女生给了他一张10元的钱，皮豆给了她10张1元的钱。

皮豆还开玩笑说："看你一张换了我那么多张，真是划算啊。"

女生微笑着说："谢谢你。你是哪个班的？"

皮豆支支吾吾地说："我是四……（三）班的。"

旁边那个女生探过头来说："我们就是四（三）班的，怎么没见过你？"

"我……我是……五（三）班的。"皮豆吓得汗都出来了，赶紧朝另一个方向跑掉了。

转了一会儿，皮豆看到博多正在买一本《十万个为什么》，这本书12元6角。博多和卖家都没有零钱，正犯愁呢。博多本来有5张10元的，他用其中一张10元找到蜜蜜换了2张5元的，又用一张5元找皮豆换了5张1元的，然后又用其中的1元换了两张5角的，一张5角的换了5张1角的。这下，博多付给卖书的同学的钱是：1张10元的，两张1元的，一张5角的和一张1角的。

皮豆撇撇嘴，说："付钱好麻烦啊，幸好去超市买东西，超市收钱的那个钱柜里什么零钱都有，又方便又整齐，要不就乱套了。看来学会算账很重要啊。"

这时候，皮豆又遇见了蜜蜜和女王，问她们买了什么。女王一脸调皮地说："我们买了同样的故事书，每本6元，我给了卖书的2张纸币，蜜蜜给了他3张，你能猜出我俩怎么付钱的吗？"皮豆挠挠头皮，算不过来了。

女王笑嘻嘻地说："别着急，慢慢算！"

皮豆看着她们手里的故事书，想着6元钱，如果是2张纸币就够了，那肯定是将6元分成两个数。

2+4=6

1+5=6

我们并没有4元面值的纸币，那就只能是1+5=6，也就是女王给的是1元和5元。

同样的方法，如果蜜蜜给了3张纸币，那就是把6分成3个数：

1+2+3=6

2+2+2=6

当然，我们也没有3元面值的纸币，所以，蜜蜜给的是3张2元的纸币。

想到这儿，皮豆说："我知道你们怎么付钱的啦！"

蜜蜜说："不错嘛！这么快就想通啦？"

女王说："奖励个大拇哥。"说着竖起大拇指朝他比画了一下。

皮豆反倒不好意思了，他吐吐舌头，跑开了。

脑力大冒险

乌鲁鲁无精打采地趴在校园那棵大树下面的阴凉里。女王走过来，关心地问："怎么了，你不舒服吗？"

乌鲁鲁把头扭过去不理她。

女王跑过去告诉蜜蜜，蜜蜜跑过来把手放在乌鲁鲁的头上，也问："怎么了？"

乌鲁鲁不耐烦地说："我只是想喝水。"

女王叫道："这还不简单，我去给你倒水。"

乌鲁鲁站起来，原来他身下压着两个火柴棒组成的图。他说："怪怪老师让我把这两个水杯倒过来，才能喝水。而且只能移动4根火柴棒。"小朋友你来帮帮他吧。

第十章

时钟教室

一上课，怪怪老师就笑眯眯地说："同学们，我们这节课学习认识时间，让我们来做一个'追赶时间'的游戏吧！"语毕，只见怪怪老师挥了挥手，教室就变成了一个大大的圆盘，像一块大钟表。每个同学就像一个数字，分别站在大圆盘的周围，中间站着怪怪老师。怪怪老师手里拿着三根指针，最长的是秒针，秒针头上拴着十一，估计是因为他跑得最快吧。皮豆被拴在那个不长不短的分针上。接着是女王，她被拴在最短的时针上。现在钟表指示的时间正是午夜12点，十一以秒针的速度不停地奔跑，而当他跑一圈也就是刚好迈了60步的时候，皮豆会往前走一步。而当皮豆转了一圈，走了60步的时候，女王才会往前迈一步。

这个游戏刚开始的时间点，正是同学们在深夜里睡觉的时间。皮豆跑了一圈就看到了他们各种各样的睡姿。最有趣的是，博多还说了句梦话，好像是关于什么阿瓦星系。

幸好跑起来不费劲儿，皮豆和十一都没觉得累。这肯定是怪怪老师给了他们超能力吧，皮豆想。而女王每小时才走一格，都快要睡着了。

这样转到大概6点，有些同学醒了。他们就好像在自己家里一样，起床，洗漱，大部分的同学都还在睡觉。

皮豆刚到了6，女王也在6附近，也就是刚好6点半的时候，这个位置上的胖大力一个骨碌爬起来。胖大力揉揉眼睛，摸摸屁股下边，自言自语嘀咕道："糟了，尿床了。"皮豆和女王忍不住偷笑，本来想停下奚落他一番的，可是只有一分钟的时间停留，皮豆只能不停地继续前进。

当皮豆跑到12的时候，女王跑到了7，7这个位置刚好是蜜蜜。只见她伸了个懒腰，转过身去，抱着个枕头又睡了。可惜女王好像观众一样，只能看着她，否则真要叫醒她呢。怪不得昨天蜜蜜来得那么晚，差点儿就迟到了。现在刚好7点，大部分同学都被妈妈

叫起来开始洗漱，然后吃饭。

接着，是上学，上课，吃中午饭。当皮豆和女王都指到12的时候，正好12点，到了睡午觉的时间了。

如果说皮豆辛苦了半天有什么收获的话，就是他看见了一个超级秘密：胖大力把他的臭袜子塞到了皮豆的枕头底下！怪不得昨天中午皮豆睡觉的时候老闻着有一股臭味。他闻了无数遍自己的脚丫子，觉得好像没那么臭，但是一躺下就闻见了一股让人难以忍受的臭味。原来是这么回事！

皮豆气得鼻子都冒烟了，心里暗暗对胖大力说，等中午看我怎么收拾你。我一定把我三天没洗的袜子一只放到你的枕头下面，一只放到你的书包里，让你走到哪儿就臭到哪儿，好你个胖大力！

很多同学肯定都在想，十一这个时候要转晕了吧。事实上，十一转得非常轻松，好像脚底下踩了风火轮一样，而且他相当喜欢这种跑步节奏，如同漫步在云端。这难道是站在圆形中间的怪怪老师的超能力发挥作用了吗？

等女王（也就是时针）指到4，皮豆（也就是分针）指到12，
也就是刚好4点的时候，放学的铃声响起来了。这群学生排着队走出
校门，奔向了站在门口来接他们的爸爸妈妈或者爷爷奶奶，或者姥
姥姥爷。胖大力的奶奶在门口给他买了两串烤肉串，还有一串冰糖
葫芦。当皮豆指到6，也就是刚好4点半的时候，胖大力吃完了所有
的美味。皮豆的口水流了一地。十一跑过的时候还说："表盘上怎
么这么湿，下雨了吗？"皮豆还没来得及说是馋虫雨，十一已经跑
远了。

皮豆看着同学们陆陆续续回到家,有的同学先做作业再看电视,有的同学先看电视再做作业。

而胖大力的妈妈正在大发雷霆,因为胖大力早上尿了床不敢说,竟然用被子把尿湿的地方盖起来了。妈妈罚他不许吃晚饭。哈哈,估计吃了奶奶给他买的那么多好吃的零食以后,他已经没有胃口吃饭了。

就这样转到晚上9点,也就是女王指到9,皮豆指到12的时候,大部分同学已经去睡觉了,而博多却在被窝里看一本叫作《外星人的秘密》的书。博多一直看到10点半,也就是时针指到10和11的中间，分针指到6的时候，他才打了个哈欠睡着了。

当皮豆和女王又都转到12点的时候，一天的生活学习过程就演示完了。教室又迅速恢复到原来的样子。怪怪老师在黑板上画了一个大大的钟表，开始给大家讲解时针、分针、秒针相互追赶的道理了。

另外，怪怪老师还在黑板上出了一道题：有一个同学晚上看书看到10点半才睡，早上6点就醒了，请问他睡了几个小时？

这道题最后只有博多算出来了，而皮豆说，那是因为只有他自己知道他睡了几个小时，别人当然不知道啦。聪明的你知道博多是如何计算的吗？

脑力大冒险

一只钟的对面有一面镜子，镜子里的钟表如

下图，那么钟表上表示的时间应该是几点？

第十一章

薯片风波

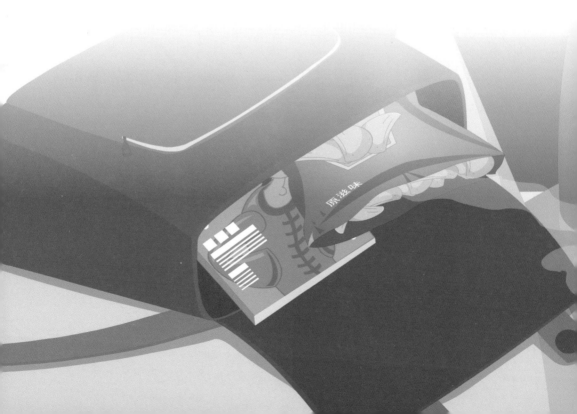

虽然知道翻别人的书包是很不对的，但是皮豆还是没有忍住，从女王的书包里传来的薯片的味道诱惑着他，而且是烧烤味的呀！趁女王上厕所，皮豆迅速地翻开她的书包，抓了片薯片放进嘴里。舔完嘴角，舔完手指，皮豆开始后悔，为什么不多拿两片啊！

不过马上他又觉得太羞愧了。不就是薯片吗？谁没吃过啊？不过好像刚才看见女王书包里还有本漫画书啊，借来看看吧。

皮豆这样想着，又用手翻开了女王的书包。

"叭！"刚想往回抽手，皮豆手上就挨了重重的一下。

"啊！"皮豆惨叫了一声，然后不好意思地说，"我想借你的书看看。"

"哼，不问自取叫作偷，不叫借！"女王叉着腰指着皮豆的鼻子说。

"好吧。女王陛下，借我看看你的漫画书呗。"

"不借，怪怪老师上节课讲的加减法你熟练掌握了吗？考试考不好，还敢看漫画书？"

"不就是20以内的加减法吗？我上学前就会了。"

"老师要我们熟练掌握，不是简单的会做就行了。"

女王一副老师的架势，指着皮豆继续说："因为做得慢，上堂课刚被我敲了脑袋。人家说犯一次错误就应该吸取一次教训，你怎么屡教不改呢？"

皮豆撇了撇嘴说："因为我觉得我吸取的教训还不够。"

蜜蜜扭过脸来，用奇怪的表情看着皮豆说："所以你得多错几次才行喽？"

一句话引得旁边的同学都笑了。

女王边看漫画，边吃薯片。皮豆真是眼馋加嘴馋啊，可怜巴巴地看着女王。

皮豆说道："对了，昨天下午，我在我们家门口的小卖铺看到新进的漫画了，来了好多，好像还有你这本的下一册呢……"女王一听，心里就喜欢，顺手给了他一片薯片。

皮豆吃完了接着说："我去仔细看了看，不料还真有你的这本，竟然来了两册……"女王听了更是高兴，赶忙又递给皮豆一片薯片。皮豆吃了第二片薯片，嘴凑到女王耳边说："我买了两

本，用衣服一包，一直往学校跑，准备分给你一本看……"女王高兴得连薯片袋都塞到皮豆手里。皮豆吃完薯片，拍了拍手，不慌不忙地说："我抱着书正迈步进门，不料被台阶绊倒了，把我给惊醒了。"

"啊，原来你是在说梦话呀！"女王气得直跺脚，一把夺回薯片袋子，可是里面一片薯片也没了。

"哼！此仇不报怎么咽得下这口气？"女王使劲儿敲着桌子说。

皮豆看着愤怒的女王，感觉到一阵阵凉意："那怎么样你才能出气啊？"

这时候，怪怪老师突然出现在黑板前面，本来干净的黑板上面写满了20以内的加减法。

皮豆重重地叹了口气："哎呀，怎么还学它啊？都会做了嘛！"

怪怪老师好像听见了他的嘀咕声，转过头来说："哈哈，仅仅是做对了还不行啊。"

"做对了都不行啊？"很多同学都开始交头接耳。

"20以内的加减法是各种数字运算的基础，咱班的很多同学能做对是靠扳手指。其实这里面是有规律的。"

"有几个同学做这些题的时候不光会用手指头、脚指头数，也不光会在心里面挨个数数，而是发现了规律的？"怪怪老师扫

视了一眼讲台下，只有不多的几个同学敢和老师对视。像皮豆这样低着头不敢看老师的，肯定是一个劲儿地扳手指算出个结果就了事了的。

"比如说16-9这样的数学题要怎样算？"怪怪老师一步步问道。

"10减9等于几？"

"1。"

"1加6等于几？"

"7。"

"所以16-9等于几？"

"7。"

"同学们都算对了，等于7。"

在老师的带领下，大家又做了好几道这样的题。皮豆忽然觉得这其中有规律可循。

果然，老师在黑板上写下了：

加法口诀：逢9减1；逢8减2；逢7减3……

减法口诀：减9加1，减8加2，减7加3……

甚至还有个凑十歌：

一九一九好朋友，二八二八手拉手，三七三七真亲密，四六四六一起走，五五凑成一双手。

加法口诀：逢9减1 逢8减2 逢7减3 逢6减4

逢5减5 逢4减6 逢3减7 逢2减8 逢1减9

减法口诀：减9加1 减8加2 减7加3 减6加4

减5加5 减4加6 减3加7 减2加8 减1加9

这样的计算方法真是又快又准确。皮豆心里想：以后就不用扳手指头了，这样做题的时候就不会两只手都很忙，至少可以腾出一只手来吃零食了。

脑力大冒险

皮豆最近苦练加减法，决心挑战博多。女王、蜜蜜和十一共同出了下面10道题目。最终皮豆以3秒钟的劣势惜败博多。亲爱的同学，你能在多长时间内完成？

10+2=　　　5+9=　　　6+5=　　　3+8=　　　11−3=

9+7=　　　12−5=　　　18−9=　　　13−4=　　　15−7=

第十二章

帮松鼠分松果

怪怪老师讲完课，整理了一下自己的衣服。皮豆心想，我们又要去冒险了。他太了解怪怪老师了，他可是来自阿瓦星球的拥有超能力的怪怪老师呀。果然，怪怪老师大手一挥，他们来到了一座白雪皑皑的山上。

只见天地间到处都是白茫茫的，还不时有零星的雪花落下。用脚踩在地上，咯吱咯吱地响，软绵绵的。不过奇怪的是，大家一点儿也不觉得冷，或许是怪怪老师魔法的作用。

　　两边的山上长着两个人拉着手都抱不过来的大树，树顶覆盖的白雪仿佛一层厚厚的奶油。几乎每棵树上都有一群小动物住在这里，有松鼠一家，花栗鼠一家，有的树上甚至不止住了一家。比如最粗的那棵树，树洞里住着小熊一家，左边树干上住着松鼠一家，右边树干上住着啄木鸟一家。不过啄木鸟先生说，因为它的太太要多生几个蛋，这样它们的宝宝出生后，这棵树就住不下了。于是它们换了一棵树，今天就要搬家了。

　　怪怪老师说，每年的这时候小松鼠们就开始挖松果，它们忙着把去年秋天藏起来的松果找出来。有的小松鼠健忘，记不起自己的松果到底埋在哪里了，这些小松鼠就会心急火燎地到处乱挖乱刨。当然，有时候它们挖着挖着就会挖到别的小松鼠埋的松果，接着就

会发生一场激烈的争斗。被别的松鼠挖了松果又战败的小松鼠就会再去挖其他小松鼠的松果，然后又是一场争斗。直到整个森林被挖得乱七八糟，小松鼠们也打得不可开交。

"既然记不得自己究竟藏了多少松果，而且也记不得到底藏在了哪里，那干脆大家来公平地分一分所有被找到的松果吧。大家都要开始过冬了，实在不应该浪费时间来争斗啊。"怪怪老师说，"我们来帮它们分一分吧。"

"可是啊，老师，它们怎么会听我们的呢？你是松鼠国的国王吗？"皮豆问道。其他同学都笑起来，他们其实很期待这次任务，只是不知道怎么才能做好。

　　"那我就变成松鼠国国王好了。"怪怪老师一边说着,一边用手对着自己比画了一下。可是可是……"哈哈哈!"同学们笑得更凶了,因为怪怪老师只是长出来了一个松鼠尾巴。怪怪老师又比画了几下,终于变成了一只老大老大的老松鼠。如果国王是按照大小个儿来选的话,那这只"松鼠"肯定当选。接着所有的同学,都变成了松鼠。十一试着跳了跳,一下子就跳到了旁边的大树尖上。这下子可不得了了,所有的"松鼠"都开始跳来跳去。

　　那只"大松鼠"说:"别忘了我们是来干什么的。"于是"大松鼠"挥了挥手,森林里所有的松果,都哗啦哗啦下雨一样在他面前堆成了山。现在"松鼠"们都汇集了过来,而且就在同时,森林里真正的松鼠也都熙熙攘攘地赶了过来,一是这里的松果堆吸引了它们,另外就是听啄木鸟说,来了个老大老大戴着眼镜的"松鼠国国王"。

　　住在那棵老树上的松鼠一家也赶了过来。它们的儿子提米好奇地问:"我们的国王长什么样?为什么我从来没有听说过我们还有个国王呢？""我也没有听说过，或许你爷爷听说过，不过它死得太突然了，可能还没有来得及告诉我。"松鼠爸爸说。

"不管怎样，听啄木鸟说，国王是来分松果的，但愿是件好事情。我已经厌倦整天为了松果而争斗。"松鼠妈妈说。

因为松鼠、花栗鼠太多了，松果也太多了，如何公平分配就成了个大难题。皮豆他们先把松果堆分成一个个小堆，每堆都是10个，然后再让松鼠们和花栗鼠们排着队来领。

蜜蜜这只"小松鼠"拥有一个火红的毛茸茸的大尾巴，她捡到一个很特别的松果，把它送给了刚好走到她身边的提米。提米接过松果，给了蜜蜜一个大大的拥抱，并且在她耳边说："你是我见过的最好看的松鼠，你拥有全世界独一无二的尾巴。"蜜蜜听了心里甜丝丝的，没想到自己做松鼠也是最漂亮的松鼠，调皮地冲提米眨了下眼睛。

分松果，这可不是个轻松的活啊，皮豆他们累得腰酸背痛的。倒是那个"松鼠国国王"坐在高高的椅子上，被太阳晒得打起了盹。

皮豆拿起一个松果，恶作剧地朝老"松鼠国国王"砸去。松果刚好落在了他的大尾巴上，只见他吓得一抖，恢复了原样。同时，皮豆他们也一下子恢复了原样。小松鼠们似乎没反应过来，盯着这些"怪物"大概有三秒钟，然后呼啦一下子全不见了。地上滚了一地的松果。本来在树上叽叽喳喳叫的小鸟也收了声，森林里一下子安静了下来。

那棵老树上的松鼠提米，也弄丢了蜜蜜给她的松果。它从树缝里露出个脑袋，瞪着黑溜溜的眼睛观察着这些"怪物"。蜜蜜捡起了那个松果伸手递给提米，它刚想伸手拿的时候，被它的妈妈一把给拉走，蹿到了别的树上。

"妈妈，她只是想给我那个松果。"提米很不乐意地说。

"天啊，他们或许很危险，我从来没见过像他们一样的动物。

我不能让你冒这个险，我们家的松果已经够吃了。"

"妈妈，我已经长大了！我会分辨！"小提米挣脱妈妈，哧溜跳到别的树上去了。

蜜蜜耸了耸肩："我看我们还是按原来那样10个一堆分好了，让它们自己来取吧。"只能这样了，而且他们也不愿意变成松鼠了，还是原来的样子比较自在呀。

分完松果，蜜蜜躺在草地上晒太阳，阳光里弥漫的花香让心情格外舒畅。她手里还拿着那个松果呢。"要是能给那个可爱的松鼠就好了。"她心里想着，于是站起来把松果放到了刚才提米藏身的那棵大树下面。

每次要走的时候，怪怪老师都不留时间让大家提前准备一下，这次也一样。呼啦一下，他们都回到了教室，害得蜜蜜老是在想，小松鼠提米有没有拿走那个松果呢？

脑力大冒险

小朋友，请你用最快的速度算出下面的得数，和你的同桌比一比看谁算得快：

$1+2+3+4+\cdots+99=$

第十三章

白垩纪遇恐龙

"快点儿给我挠挠后背！"皮豆把书包扔到课桌上，背对着胖大力，"我会给你很高的酬劳。"

　　"就是这儿！痒死了，想挠又够不着。"

　　"唔——咦——哦，现在好受多啦。"

　　"谢谢你，我亲爱的朋友，万分感谢。"

　　"快给我钱。"胖大力把手伸到皮豆面前。

　　"给你钱？为什么？凭什么？"

　　"我给你挠痒痒，你说要付给我酬劳，你个大骗子！"

"第一，我已经不痒啦；第二，我已经付了万分感谢啦，一万分就是一千毛，就是一百块呀！"

皮豆看着胖大力答不上话，伸伸舌头继续说："你心里肯定想：'骗子，骗子，火烧裤子，鼻子长得像绳子。'"说完，他自顾自地笑起来。

胖大力听得一头雾水，甩了句"莫名其妙"撇撇嘴走开了。皮豆还没玩儿够呢，决定再找个人显摆一下他刚学来的俏皮话。

这时候怪怪老师闪进了教室，大手一挥，同学们都来到了一大片丛林里。这里生长着他们从来没见过的树木花草。博多观察了一下，发出一声感叹："这是白垩纪时代才有的灌木丛啊。"

"你怎么知道的？"皮豆一脸羡慕地问。

"电视上看的。"

"呦，你也看电视啊？"皮豆感觉非常意外，他以为博多只会看书呢。

"小心点儿吧，这里可是食肉恐龙的聚集地哦。"博多说。

"啊！怎么办？我要回家，我不要在这什么白垩纪。"蜜蜜说，她可不喜欢恐龙。

怪怪老师掏出一个喷雾剂一样的东西，说："不要怕，关键时候用这个转换器喷一下，我们就可以变小了，这样恐龙就不会发现我们了。"

"我们来这里干什么？"蜜蜜还是不太放心。

　　"来解救一个翼龙家族的族长，他被困在外星人设置的陷阱里，而这是违反阿瓦星系的星际规则的。"怪怪老师说，"所以我来解救他。"

　　"老师你在编故事吗？你怎么知道的？"女王一脸的怀疑。

　　"因为老师来自阿瓦星系。"皮豆抢着说。怪怪老师摸了一下皮豆的脑袋，笑了笑，眼睛看向远方，似乎他能看见遥远的星系，看见远古时代地球上生命的存在。

　　蜜蜜紧紧跟在博多的身后，没有心情欣赏什么白垩纪的灌木丛，她非常想回家。

　　在女王的围巾里装满了从旁边矮树丛里的果树上采摘的紫红色果子。她从来没见过这么好看的果子，心想说不准会很好吃，说不准里面的种子拿回21世纪也能发芽、开花、结果，这样她就成了新品种的培育者，她就成名啦。她抱着围巾，吃力地走着。走不了几步，围巾里的果子就掉出来几个。还没走出灌木丛，围巾里的果子只剩下了一半。

有一群比兔子还大的老鼠正坐在自己家门口的草堆里，用石头敲核桃吃，那核桃好像苹果那么大。它们眨着小眼睛，好奇地看着怪怪老师领着一群小学生从矮树丛里走过。

他们一群人浩浩荡荡地来到了一条小河流的边上，这时从女王的围巾里又掉出来几个果子。

皮豆走在女王的后面，不小心踩到了女王掉到地上的果子，脚下一滑摔倒了。

"嗨！我说，看好你的果子。"皮豆埋怨道。

"快起来。"博多说，"这里有太多我们不知道的生物，太危险了。"

"有怪怪老师呢！怕什么？"皮豆还是赶紧爬了起来。

"万一，怪怪老师的魔法失灵了呢？"女王回头说。

怪怪老师听了女王的话，看看皮豆，耸了耸肩说："魔法失灵是很正常的嘛！"

他的话虽然是玩笑，但是在这个完全陌生的环境里，尤其是恐龙时代里，大家都突然紧张起来。

大家紧跟着老师，快步行进，很少发出声音。

女王也抓紧了自己的围巾，不让果子再掉出来，万一果子引来什么野兽呢！

安静地走了一刻钟，突然，他们听到了扑通一声，大家顺着声音望去，原来是树上的果子掉在了河水里。皮豆刚想笑着说"咕咚来了"，接着又听到了一阵非常可怕的咕噜声，这声音像是怪兽肚子饿了的声音，恐怖极了。

接下来，所有的人被眼前可怕的一幕惊呆了，眼睛瞪得像棒棒糖一样大：在小河的另一边，一只刚才还在打盹的霸王龙被刚才的咕咚声吵醒。它正往小河这边看，结果就和皮豆他们对上眼了。看见了这些白白嫩嫩的小孩，它立刻抬起头来，接着站起身，伸了个懒腰，抖了抖身子，然后走向皮豆他们，边走口水边啪嗒啪嗒流下来。刚才听到的那阵咕噜声就来自它的肚子，说明它饿了。

　　当怪怪老师看到了眼前的大霸王龙时，马上采取了行动。他用转化器向孩子们喷了一下，本想让他们都变小，结果不知道为什么，这些学生像孙悟空的金箍棒一样，噌噌地长高了、变宽了。显然霸王龙没有想到，它吃惊地看着到嘴的美味忽然变得比它还大好几倍，而且数量居多，扫兴地呜呜叫了两声走远了。

不一样的 数学故事1

脑力大冒险

　　皮豆从口袋里摸出一点点儿粉末，这是他从怪怪老师的大小转换器里偷出来的。要知道，一个长得不怎么高的男生是很羡慕十一那样拥有大长腿的！皮豆悄悄地跑到厕所，往自己的头上撒了点儿粉末。你猜发生了什么？

　　皮豆变小了！幸好粉末很少，他只变得比原来矮了一半。皮豆尖叫着跑出厕所，害怕自己会继续变小掉进厕所里。

　　乌鲁鲁闻声跑过来，他一看就知道怎么回事，扭头又要跑掉。皮豆三步并做两步跑过去抱住乌鲁鲁，哭起来……

　　"救命啊！救命啊……"皮豆边哭边喊。

　　乌鲁鲁只好带着他去找怪怪老师，没想到怪怪老师不在办公室，桌子上有一张纸，上面写着：这张图上有几个正方形，转换器就在第几号档案柜里。

　　快放学啦，皮豆也没数对，快来帮帮他！

第十四章

拯救翼龙

　　孩子们不停地长高。当他们长得比周围的大树还高的时候，皮豆发现这片茂密的森林无边无际，到处都是梁龙、腕龙，它们的脖子伸得很高。当看见皮豆这群人高高在上时，这些恐龙嘴里含着树叶，好奇地看着这群奇怪的高大生物。

　　"怪怪老师，快让我们停止啊！否则我们要把天戳个窟窿啦。"皮豆大喊。

　　"马上，马上……"怪怪老师研究了下转换器，并且拿旁边的小树做了实验。原来这转换器可以向左右两个方向旋转，左边变大，右边变小，中间复原。

　　他们终于恢复了原样。"现在我们要去哪里？"女王问。

　　"我刚才看见河那边有一座山，那座山虽然被森林覆盖，但是还是能看见那里有个山洞。山洞的洞口修得很整齐，像文明人来过

一样，我估计就是外星人设陷阱的地方。"博多仔细地分析了一下情况，自信地说。

"哇，你好棒啊！"蜜蜜眼睛里充满了崇拜。皮豆心想，我刚才光顾着害怕和好奇了，竟然没有仔细观察，否则我也能找到。

怪怪老师说："没错，就是在这样一个山洞里，我们出发。"

他们用树枝做成了一只只小木筏，然后撑着木筏过了河。"如果我们还没有变回原来的样子，而是像刚才那么高大，我们就可以抬脚迈过小河，并且三步五步就可以到达山洞口了。"博多说。

"话是没错，但是我们已经变回原来的样子了，而且转换器一定要在关键的时候用，万一里面的药水提前用完了怎么办呢？"怪怪老师不好意思地解释道。

终于来到了那座山下，他们惊奇地发现，山顶上飘着一圈云雾，好像山是从云彩里长出来的一样。在他们和半山的山洞之间，有一条平坦的大道相连。

他们高兴起来，沿着大道飞快地朝山洞跑去，到了洞口，回过头来一望，山下的整个森林看起来那么大，一望无际。那条小河看起来那么小，好像一条长长的线。

接着，他们看到了山洞口的大石门。门上镶嵌着一个数字方格，共有两排。上面一排写着8、15、73、82、85、97，这个格子里的数字是固定的，不能动。下面一排写着的是35、27、65、98、4，这一排里的数字是可以活动的。他们开始仔细研究怎么打开这个山洞的门。

"那么怎样才能打开石门呢？看来要排列对第二排的数才行啊，规律肯定是从第一排里找。"博多开始陷入了沉思。

皮豆想了半天说："没有什么规律嘛，不过是前面的数比后面的数小而已啊。"

"对，数的大小排列也是一种规律，第一组数是从小到大，第二组也应该这么排。"博多一拍脑袋，兴奋地说。

后面这一组的数的大小排列方法是：先看位数，位数多的大于位数少的；位数相同的，谁高位数上的数大，谁就大。这样排列就出来了，4、27、35、65、98。

他们争着把第二排的数重新排列了一下，刚刚放好最后一个数98，门就吱嘎吱嘎地响起来了。皮豆抢先一推，门就开了。

门刚开了个缝，阳光照进洞里了，一条巨大的翼龙被刺眼的阳光惊醒。它终于等到了救援者，原以为要饿死在这里呢。趁着现在能出去，它迅速地爬起来，踉踉跄跄地冲了出去，飞远了。

它甚至都没有表示一下感谢。当然了，皮豆他们也不希望它能注意到开门的这些人，没准它也正饿着呢。

他们一起走进这个石洞，发现非常整洁，地面上铺着厚实的石板。忽然，门咣当一声关上了，里面一片漆黑。"救命啊，开灯

啊。"大家都开始大声呼喊起来。

忽然，真有人开了灯，拉开窗帘，原来他们都在教室里坐着呢。皮豆拍拍教室里的墙："呀，不是石头的，我还没在白垩纪玩儿够呢。"

"我的围巾忘在那儿了。"女王忽然想到，也许这时候，她的围巾正围在那个兔子一样大的老鼠的脖子上呢。

博多在教室后墙上贴了一张纸，上面写着一道题，并且说，谁能做出来就可以穿过墙到达山洞了。

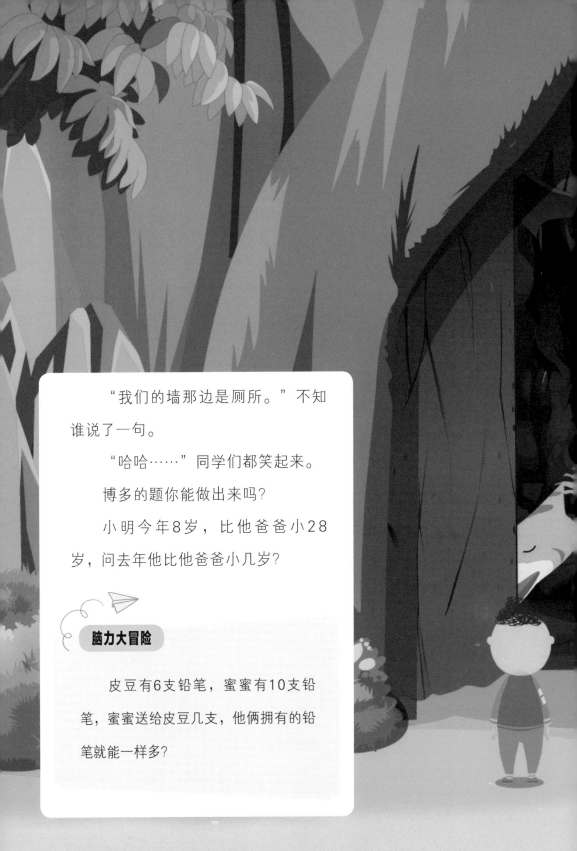

"我们的墙那边是厕所。"不知谁说了一句。

"哈哈……"同学们都笑起来。

博多的题你能做出来吗？

小明今年8岁，比他爸爸小28岁，问去年他比他爸爸小几岁？

脑力大冒险

皮豆有6支铅笔，蜜蜜有10支铅笔，蜜蜜送给皮豆几支，他俩拥有的铅笔就能一样多？

第十五章

遇见人鱼公主

其实，今天的事真不能怪皮豆，因为坐在他后面的于果老是用脚踢他的凳子，他就拿起书冲于果的脑袋打去。书本刚接触到于果的脑袋，怪怪老师就进来了。

怪怪老师指着皮豆说："不许打架，怎么回事？你怎么欺负同学？"

于果立刻装出很可怜的样子说："他经常欺负我！"

皮豆气得咬牙切齿，就是说不出话。心想："哼，等着吧，下次我也踢你的凳子，你打我的时候也正好被老师抓住。"可是他又想到，他坐在于果的前面，怎么能踢到他的凳子呢？想了想，他沮丧地低下了头，就像个战败的大公鸡，无精打采的。

上了一会儿课，怪怪老师看着窗外说："这真是春暖花开、阳光明媚的日子啊！"皮豆觉得今天这样的天气最适合钓鱼或者野餐什么的。可是怪怪老师已经有了别的想法："这种天气，最适合爬山啦。"

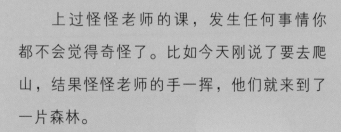

上过怪怪老师的课，发生任何事情你都不会觉得奇怪了。比如今天刚说了要去爬山，结果怪怪老师的手一挥，他们就来到了一片森林。

森林里静悄悄的，没有鸟的叫声，没有小动物窸窸窣窣爬过的声音。一切都是静止的，都像睡着了一样，静得怕人。皮豆他们四处观察了一下，森林的每棵树都好像活了几百年了。它们的树干又粗又奇怪，不同树的根系交错地盘在一起。

在皮豆前面横着一根很粗很古老的树干。它是怎么倒在地上的没有人知道，但是，一看就能知道它已经躺在地上很久了。

因为它身上的每一寸都长满了青苔，有些青苔已经和地上的草连成了一片。而这棵树的样子很像一条巨龙，伸向两边的树枝很像翼龙的四肢和翅膀。

皮豆好奇地打量了一下这棵树，忽然觉得它很亲切。这棵像龙的树像是等着有人骑它，或者叫醒它一样。于是皮豆爬上去，骑在了它身上。"嘚儿——驾！"皮豆像骑马那样吆喝起来，同学们也都学着他的样子爬上这个老树干。怪怪老师也骑了上去，他悄悄地洒了点儿药水在树干上，这样树干就真的活了过来，变成了皮豆他们之前拯救过的翼龙的模样。

皮豆根本就没注意树干已经活了，他呼喊着："飞起来吧，勇士！飞到高空吧，勇猛的龙！"

话音刚落，树干就猛烈地摇晃起来，而且还发出了"咯吱咯吱"的声音。同学们赶紧抱紧了前面的同学的腰，最前面的皮豆紧紧抱住了翼龙的脖子。这根树干像只真正的翼龙那样呼啸着飞了起来。

　　他们飞快地越过这片森林，冲向云霄，然后在云朵里慢慢穿行。刚开始，蜜蜜紧紧搂着前面博多的腰，闭着眼睛不敢睁开，只听到风在耳边呼啸。等他们升到了空中，飞翔的速度慢了并且稳定下来，她才敢睁开一只眼睛偷偷瞧了瞧四周。刚看了一眼，她立刻睁大了双眼，看着这美丽的景象。

　　多么壮观的景色啊！湛蓝的天空，白云就飘浮在他们身边，远方的森林一望无际，湖泊像一面面镜子，反射出耀眼的光芒。

　　他们飞翔了很长时间，忽然一个陌生的声音说："我们要飞到哪里去？"同学们都愣了一下，当意识到是身下的这条翼龙在说话时，他们吓得一句话也说不出来了。

　　"飞到人鱼岛吧！"最后还是怪怪老师回答了一句。又飞了很长时间，他们来到了一个小岛上，这条翼龙在海边慢慢地降落了下

来。皮豆坐得屁股生疼，更主要的是手疼，因为他一直紧紧抱住翼龙的脖子，丝毫不敢放松。现在松开，他觉得手都麻了。

　　他们从翼龙身上跳了下来，沿着海边散步。过了一会儿，皮豆听见了博多的呼喊："快来人啊！快来看啊！"他飞一般地跑过去，眼前的景象让他惊讶不已。同学们围着一个美人鱼，她长着一条绿色的大大的鱼尾巴，正在哭泣。

　　女王走上前，问道："你是童话里的美人鱼吗？王子和别的公主结婚了吗？"哭泣的美人鱼抬起头奇怪地看着这些小同学，说："我是这个人鱼岛的公主，我的臣民都是人鱼，他们可以在海里生活，但是他们更喜欢在岛上生活。因为这个岛上有很多好吃的果子，是海里没有的。"公主停顿了一下。皮豆看了一下周围，果然，这是个物产丰富的小岛，岛上长着各种果树。

这些果树都很矮，任何一个人，甚至是小孩也能伸手够到树上的果子。这些果子跟皮豆平常看见的果子不太一样，它们有的像苹果，却比苹果更大更红；有的像樱桃，但却是五颜六色的。还有很多其他形状和颜色的水果，看起来就很好吃。

"哇，好多水果！"皮豆口水都要流出来了。

如果不是看见人鱼公主在这里哭，他会马上跑过去摘些来吃。

蜜蜜和女王显然更关心人鱼公主。

蜜蜜说："你不要哭，不要害怕，我们一定会帮助你的。"

女王也说："快告诉我们发生了什么事情？"

人鱼公主犹豫地看着他们，不知道在想什么，叹了一口气，也许觉得这几个孩子根本解决不了她的问题。

女王猜中了她的心思，轻声说："我们虽然人小，但是我们有一个会魔法的老师，要不然我们也走不到这里来。别担心，把你的困难告诉我们吧。"

脑力大冒险

人鱼公主说，人鱼岛以前有许多人鱼，尾巴的颜色各不相同：红色的有52人，白色的数量是红色的一半，蓝色的比红色的少10人，黄色的比白色的还少6人。人鱼岛一共有多少人鱼呢？

第十六章

巨人的
难题

　　"不久前来了一个巨人，他占据了这个岛，把我的臣民都关了起来，还把我赶了出来，要我在天黑以前离开这个岛。"公主说到这里又哭了起来。

　　"我们来帮你！"胖大力走上前大声地说。

　　"你们快走吧，那个巨人很厉害，他的力气很大。你们打不过他的。"

　　"他在哪儿？"皮豆问道。

　　"他和他的兔子、鸡，在岛的另一边。"公主指了指。

　　"有什么办法能赶走他吗？他害怕什么，或者有什么弱点？"博多问。

　　"他长得很大，养了很多只兔子，还有很多只鸡，都关在一个笼子里。刚刚来的时候，他很喜欢我的臣民，很愿意帮助我们做些工作。但是有一天他问了我们一个问题，我们没有回答出来，他就很生气地把我的臣民都关了起来，还把我赶了出来。"

"什么问题？"听到这里，博多立刻精神了起来。

"你们是不可能会的。他问我们他的兔子和鸡各有几只。"

"我们去会会他。"博多说。

"不要去，如果你们也回答不出来，他就会把你们关起来。时间久了你们不是变成兔子，就是变成鸡了。"

"我不要变成鸡，我可以考虑变成兔子。"皮豆伸了下舌头说。

"为什么？"女王奇怪地问。

"鸡每天都要早起打鸣，我就再也不能睡懒觉了。"皮豆说。

"都什么时候了，你还有心情开玩笑！"女王愤愤地说，"我们马上出发，去岛的另一边吧。"

他们飞快地骑上了翼龙，呼啸着飞到了岛的另一端，在一个高塔前面慢慢降落下来。

他们来到了高塔的门前，敲了敲那扇巨大的石门。

"谁？！快滚开！"巨大的咆哮声从高塔上的烟囱里传了出来。

"我们是来帮你数数的，我们都是数学精灵。"皮豆聪明地说。听到这句话，巨人立刻打开了门。他探出大脑袋，怀疑地问："你们真的会数数吗？"

"是的，我们会。"大家异口同声地说，生怕自己会变成兔子或者鸡。

"好吧。"巨人嘟囔着，挠了挠脑袋，"就给你们一次机会吧。啊呜呜……"还没有说完，他突然大声地哭了起来。

"你怎么了？"蜜蜜小声地问。

"我已经不喜欢这里了，可是女巫不让我走，必须要告诉她有几只兔子和几只鸡才行。我帮人鱼岛上的人干了很多活，但是他们竟然都不知道有多少只。呜呜……我要是数不出来，怎么回家啊……我想我妈妈啦……呜呜呜……"巨人越说越伤心，眼泪鼻涕一起流了下来。皮豆向后一跳，才避免了一阵鼻涕雨落在他身上。

"女巫还给你说什么了？"博多问。

"她告诉我说笼子里一共有8个头，20条腿。"

博多听了以后，笑了笑说："如果回答出来，你就可以回家了吗？"

　　"是的，我一天也不想在这里待了。但是，你们有什么办法呢？女巫的笼子用黑布蒙着，不许人靠近，那怎么会有人数出来呢？"说完他又要大哭。

　　"我知道，一共是6只鸡，2只兔子。"博多自信地说。

　　"真的吗？"巨人抹了一下眼泪，瞪大了眼睛问，"如果不对的话，你们都会变成兔子或者鸡。"

"没错，我们不会变成兔子的。"博多说。

"也不会变成鸡。"皮豆补充说。

巨人看他们那么自信，就相信了。他走到笼子那里，说道："尊敬的女巫啊，我已经知道答案了，一共有6只鸡和2只兔子。"说完他闭上眼睛，战战兢兢地等着被变成鸡或者兔子，或者能够回家。

　　过了大概三秒钟，罩在笼子上的布慢慢飘起，飞向了天空，而笼子里刚好有6只鸡和2只兔子。

　　每一只兔子的脖子上带着一个锦囊，巨人欢喜地打开了其中一个锦囊，只见上面写着一句咒语：兔子兔子鸡，巨人巨人鱼。他迅速地念了三遍，身体就开始缩小，缩小，一直缩小到只到皮豆的膝盖那么高。他甚至都没有来得及给博多他们说谢谢或者再见什么的，就一溜烟儿地跑远了。皮豆看见他骑着他们的翼龙飞向了天空，消失在了云彩里。

　　"啊，他骑走了我们的翼龙。"女王喊道。

　　"那不是你们的翼龙，那是女巫的坐骑。"不知什么时候那位在海边哭泣的人鱼公主来到了他们身后。她没有脚，像幽灵那样飘浮着走路。她飘浮到笼子前面，拿走了另外一只兔子的锦囊。她轻轻地打开看了看，念了句上面的咒语。

　　四周的很多石头变成了和公主一样的人鱼。他们像是刚睡醒，揉揉眼睛，弯下了腰，向他们的公主行礼，然后又向皮豆他们弯腰行了大礼。原来他们都目睹了刚才发生的事情。

　　公主和她的臣民为同学们举办了一场盛大的宴会，但是用来招待他们的都是些海草、小虾、小鱼，还有岛上结的一些果子。蜜蜜想：不知道妈妈给她准备了什么样的午餐，也许比这个要好吃。

　　刚这样想着，她已经回到了教室，而且已经开始吃中午饭了。蜜蜜打开便当盒，发现里面是煎小鱼、一只虾，还有紫菜包饭。

　　其他同学也开始了自己最喜欢的午饭时刻，而且好像所有的妈妈都商量好了似的，每个人的便当里都有一条煎小鱼。

　　吃完饭，蜜蜜问博多："你是怎么那么快就算出来答案的？"皮豆也凑了过去，其实他也很想知道。

　　"是这样的，"博多在纸上画了8个"O"表示头，又画了"11"来表示腿，"先假设所有的头都是鸡头，然后可以看出应该

是8只鸡16条腿，而条件说有20条腿，少了20-16=4条腿。一只鸡加上2条腿就成了兔子，4条腿添两次就可以了。所以笼子里有6只鸡，2只兔子。"

"我也是这么算的。"皮豆说。

"那我再出个题，你算算。"博多说，"6名女同学站成一排，每隔2名女同学之间就插进去3名男同学，共插进去多少名男同学？"

皮豆也学着博多刚才在纸上画的图那样画了起来，很快就得出了答案。你知道答案吗？

脑力大冒险

鸡兔同笼问题是我国著名的趣题之一。你来算一算，如果鸡兔同笼，共有30个头，88只脚，求笼中鸡兔各有多少只？

冒险大揭秘

第15页：

10个

第53页：

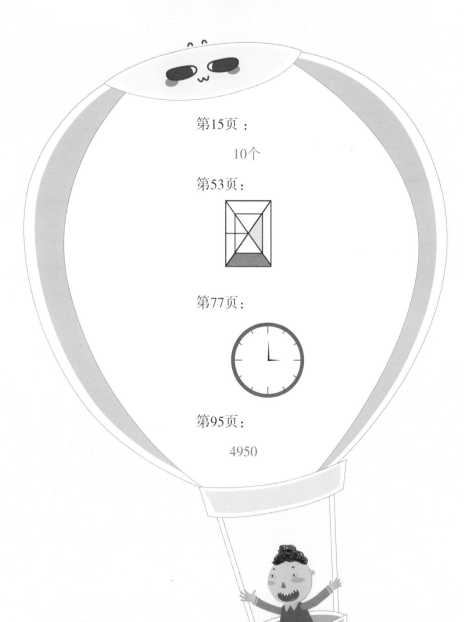

第77页：

第95页：

4950

冒 险 大揭秘

MAO XIAN
DA JIE MI

第106页：

40个

第114页：

2支

第124页：

140人

第134页：

14只兔子，16只鸡。